Friedhelm Heitmann

#einfachmathemagisch
–
Algebra und Maßeinheiten

Schülerarbeitsheft

PERSEN

1. Auflage 2018
© 2018 Persen Verlag, Hamburg
AAP Lehrerfachverlage GmbH

Covergrafik: © zagory – Shutterstock.com
Satz: Satzpunkt Ursula Ewert GmbH, Bayreuth

ISBN: 978-3-403-20327-8

www.persen.de

Inhalt

In diesem Heft werden drei unterschiedliche mathematische Themenbereiche behandelt. Grundwissen in den Themenbereichen höhere Rechenarten, Algebra sowie Maßeinheiten sind Voraussetzung, um Dinge des alltäglichen Lebens (besser) zu verstehen, Lebenssituationen zu meistern bzw. andere Mathematikthemen, die höhere Anforderungen stellen, schneller zu begreifen. Von den höheren Rechenarten werden in diesem Heft die Prozentrechnung und das Ziehen von Quadratwurzeln (= Radizieren) und Kubikzahlen berücksichtigt. In Algebra (= Lehre von den mathematischen Gleichungen) beschränkt sich das Heft auf Gleichungen mit einer Unbekannten. Der dritte und letzte Themenbereich befasst sich mit dem Umrechnen von diversen Maßeinheiten (Geld, Zeit, Gewichte, Längenmaße, Raummaße und Hohlmaße).

Potenzrechnungen (1. Teil)

Eine Potenz ist in der Mathematik die abgekürzte Schreibweise für das Malnehmen derselben Zahl. Jede Potenz besteht aus einer Grundzahl (= Basis) und einer Hochzahl (= Exponent). Die Grundzahl gibt an, welche Zahl malgenommen wird. Die Hochzahl zeigt an, wie oft die Grundzahl malgenommen wird. Das Ergebnis dieses Malnehmens ist der Potenzwert.

Beispiele:

$2^3 = 2 \cdot 2 \cdot 2 = 8$ $\qquad\qquad$ $3^4 = 3 \cdot 3 \cdot 3 \cdot 3 = 81$

$9^1 = 9$ $\qquad\qquad$ $1,2^2 = 1,2 \cdot 1,2 = 1,44$

$0,4^3 = 0,4 \cdot 0,4 \cdot 0,4 = 0,064$ $\qquad\qquad$ $\left(\frac{3}{4}\right)^3 = \frac{3}{4} \cdot \frac{3}{4} \cdot \frac{3}{4} = \frac{27}{64}$

Berechne!

1. $2^2 =$ .... ➲ ....

2. $3^3 =$ .... ➲ ....

3. $4^3 =$ .... ➲ ....

4. $5^1 =$ .... ➲ ....

5. $6^4 =$ .... ➲ ....

6. $7^3 =$ .... ➲ ....

7. $8^4 =$ .... ➲ ....

8. $9^3 =$ .... ➲ ....

9. $10^5 =$ .... ➲ ....

10. $10^7 =$ .... ➲ ....

11. $2,5^2 =$ .... ➲ ....

12. $1,2^3 =$ .... ➲ ....

13. $3,1^3 =$ .... ➲ ....

14. $0,1^2 =$ .... ➲ ....

15. $0,2^3 =$ .... ➲ ....

16. $\left(\frac{1}{2}\right)^2 =$ .... ➲ ....

17. $\left(\frac{2}{3}\right)^3 =$ .... ➲ ....

18. $\left(\frac{5}{4}\right)^2 =$ .... ➲ ....

19. $\left(1\frac{1}{2}\right)^2 =$ .... ➲ ....

20. $\left(1\frac{1}{5}\right)^3 =$ .... ➲ ....

Potenzrechnungen (2. Teil)

Zunächst müssen die Potenzen ausgerechnet werden, danach werden die Punktrechnungen (Multiplikation, Division) und schließlich die Strichrechnungen (Addition, Subtraktion) durchgeführt. Wenn in einer Aufgabe eine oder mehrere Klammern vorkommen, muss zuallererst der Inhalt der Klammer(n) berechnet werden.

Beispiele:

$3^3 + 35 = 3 \cdot 3 \cdot 3 + 35 = 27 + 35 = 62$

$4 \cdot 5^2 = 4 \cdot 5 \cdot 5 = 4 \cdot 25 = 100$

$6^3 - 4 \cdot 2^4 = 6 \cdot 6 \cdot 6 - 4 \cdot 2 \cdot 2 \cdot 2 \cdot 2 = 216 - 4 \cdot 16 = 216 - 64 = 152$

$(16 - 10)^2 + 5 \cdot 4^3 = 6^2 + 5 \cdot 4 \cdot 4 \cdot 4 = 6 \cdot 6 + 5 \cdot 64 = 36 + 320 = 356$

Rechne aus!

1. $2^5 + 17 =$ .... ➲ ....

2. $3^2 + 25 =$ .... ➲ ....

3. $42 + 6^2 =$ .... ➲ ....

4. $21 + 4^3 =$ .... ➲ ....

5. $2^7 - 82 =$ .... ➲ ....

6. $3^4 - 26 =$ .... ➲ ....

7. $278 - 6^3 =$ .... ➲ ....

8. $392 - 7^3 =$ .... ➲ ....

9. $3^3 + 4^3 =$ .... ➲ ....

10. $2^7 + 3^4 =$ .... ➲ ....

11. $7^3 - 5^3 =$ .... ➲ ....

12. $8^3 - 4^4 =$ .... ➲ ....

13. $7^1 + 7 \cdot 2^3 =$ .... ➲ ....

14. $3 \cdot 4^2 + 7^2 =$ .... ➲ ....

15. $2 \cdot 4^3 - 7^2 =$ .... ➲ ....

16. $3 \cdot 5^3 - 5 \cdot 6^2 =$ .... ➲ ....

17. $(8 + 7)^2 + 5 \cdot 2^5 =$ .... ➲ ....

18. $(37 - 32)^2 - 6 \cdot 3^3 =$ .... ➲ ....

19. $(9^3 - 9^2) : 3 + 5^3 =$ .... ➲ ....

20. $4 \cdot 2^8 - (3 \cdot 6^3) : 6 =$ .... ➲ ....

Quadratwurzeln (1. Teil)

Aus einer Zahl die Quadratwurzel zu ziehen heißt: Es gilt eine Zahl zu finden, die mit sich selbst malgenommen als Resultat die Zahl ergibt, aus der die Wurzel zu ziehen ist. Das mathematische Zeichen für das Ziehen der Quadratwurzel ist $\sqrt{}$. Die Zahl, aus der die Wurzel gezogen wird, ist die Wurzelgrundzahl (= Radikand). Das Ergebnis ist der Wurzelwert.

Beispiele: *Proben:*

$\sqrt{9} = 3$ *denn 3 · 3 = 9*

$\sqrt{100} = 10$ *denn 10 · 10 = 100*

$\sqrt{1,96} = 1,4$ *denn 1,4 · 1,4 = 1,96*

Berechne die Wurzelwerte und mache die Proben!

1. $\sqrt{1}$ = ... ➲ ....

2. $\sqrt{4}$ = ... ➲ ....

3. $\sqrt{25}$ = ... ➲ ....

4. $\sqrt{64}$ = ... ➲ ....

5. $\sqrt{81}$ = ... ➲ ....

6. $\sqrt{121}$ = ... ➲ ....

7. $\sqrt{144}$ = ... ➲ ....

8. $\sqrt{225}$ = ... ➲ ....

9. $\sqrt{324}$ = ... ➲ ....

10. $\sqrt{361}$ = ... ➲ ....

11. $\sqrt{0,09}$ = ... ➲ ....

12. $\sqrt{0,16}$ = ... ➲ ....

13. $\sqrt{0,36}$ = ... ➲ ....

14. $\sqrt{0,49}$ = ... ➲ ....

15. $\sqrt{1,69}$ = ... ➲ ....

16. $\sqrt{2,56}$ = ... ➲ ....

17. $\sqrt{4,84}$ = ... ➲ ....

18. $\sqrt{6,25}$ = ... ➲ ....

19. $\sqrt{7,29}$ = ... ➲ ....

20. $\sqrt{9,61}$ = ... ➲ ....

Quadratwurzeln (2. Teil)

Das Ziehen von Quadratwurzeln ist das Gegenteil vom Quadrieren. Beim Quadrieren wird jeweils eine Zahl mit sich selbst malgenommen.

Ein Beispiel:

Ziehen einer Quadratwurzel: $\sqrt{36} = 6$

Quadrieren: $6^2 = 36$

Die (weitaus) meisten Quadratwurzeln sind jedoch keine natürlichen Zahlen. Der Wurzelwert lässt sich oft nicht genau bestimmen, sondern nur ungefähr (= Näherungswert).

Beispiel: $\sqrt{20} \approx 4{,}47$

Notiere, zwischen welchen zwei natürlichen Zahlen die jeweilige Quadratwurzel liegt!

1. $\sqrt{3}$ ➲ Der Quadratwurzelwert liegt zwischen .... und ....
2. $\sqrt{15}$ ➲ Der Quadratwurzelwert liegt zwischen .... und ....
3. $\sqrt{30}$ ➲ Der Quadratwurzelwert liegt zwischen .... und ....
4. $\sqrt{50}$ ➲ Der Quadratwurzelwert liegt zwischen .... und ....
5. $\sqrt{90}$ ➲ Der Quadratwurzelwert liegt zwischen .... und ....
6. $\sqrt{160}$ ➲ Der Quadratwurzelwert liegt zwischen .... und ....
7. $\sqrt{180}$ ➲ Der Quadratwurzelwert liegt zwischen .... und ....
8. $\sqrt{270}$ ➲ Der Quadratwurzelwert liegt zwischen .... und ....
9. $\sqrt{300}$ ➲ Der Quadratwurzelwert liegt zwischen .... und ....
10. $\sqrt{380}$ ➲ Der Quadratwurzelwert liegt zwischen .... und ....
11. $\sqrt{500}$ ➲ Der Quadratwurzelwert liegt zwischen .... und ....
12. $\sqrt{700}$ ➲ Der Quadratwurzelwert liegt zwischen .... und ....
13. $\sqrt{800}$ ➲ Der Quadratwurzelwert liegt zwischen .... und ....
14. $\sqrt{1000}$ ➲ Der Quadratwurzelwert liegt zwischen .... und ....
15. $\sqrt{1400}$ ➲ Der Quadratwurzelwert liegt zwischen .... und ....
16. $\sqrt{1800}$ ➲ Der Quadratwurzelwert liegt zwischen .... und ....
17. $\sqrt{2400}$ ➲ Der Quadratwurzelwert liegt zwischen .... und ....
18. $\sqrt{3200}$ ➲ Der Quadratwurzelwert liegt zwischen .... und ....
19. $\sqrt{4100}$ ➲ Der Quadratwurzelwert liegt zwischen .... und ....
20. $\sqrt{5000}$ ➲ Der Quadratwurzelwert liegt zwischen .... und ....

Kubikzahlen

Eine Kubikzahl entsteht dadurch, dass eine Zahl zweimal mit sich selbst multipliziert wird.

Beispiele:

$2^3 = 2 \cdot 2 \cdot 2 = 8$

$1{,}5^3 = 1{,}5 \cdot 1{,}5 \cdot 1{,}5 = 3{,}375$

$(\frac{2}{3})^3 = \frac{2}{3} \cdot \frac{2}{3} \cdot \frac{2}{3} = \frac{8}{27}$

Berechne!

1. $3^3 =$ ➲ ....

2. $4^3 =$ ➲ ....

3. $6^3 =$ ➲ ....

4. $7^3 =$ ➲ ....

5. $8^3 =$ ➲ ....

6. $9^3 =$ ➲ ....

7. $10^3 =$ ➲ ....

8. $11^3 =$ ➲ ....

9. $1{,}2^3 =$ ➲ ....

10. $2{,}5^3 =$ ➲ ....

11. $3{,}5^3 =$ ➲ ....

12. $0{,}5^3 =$ ➲ ....

13. $(\frac{1}{2})^3 =$ ➲ ....

14. $(\frac{1}{4})^3 =$ ➲ ....

15. $(\frac{3}{4})^3 =$ ➲ ....

16. $(\frac{4}{5})^3 =$ ➲ ....

17. $(1\frac{1}{3})^3 =$ ➲ ....

18. $(2\frac{1}{5})^3 =$ ➲ ....

19. $(2\frac{2}{3})^3 =$ ➲ ....

20. $(3\frac{3}{5})^3 =$ ➲ ....

Kubikwurzeln

Eine Kubikwurzel ist das Gegenteil zur Kubikzahl und *wird auch als dritte Wurzel bezeichnet.*

Beispiel: $\sqrt[3]{64} = 4$, denn: $4 \cdot 4 \cdot 4 = 64$

Wurzelexponent   Kubikwurzel   Kubikzahl

Berechne!

1. $\sqrt[3]{1}$ ➡ ....

2. $\sqrt[3]{27}$ ➡ ....

3. $\sqrt[3]{216}$ ➡ ....

4. $\sqrt[3]{343}$ ➡ ....

5. $\sqrt[3]{729}$ ➡ ....

6. $\sqrt[3]{1000}$ ➡ ....

7. $\sqrt[3]{\frac{1}{8}}$ ➡ ....

8. $\sqrt[3]{\frac{8}{27}}$ ➡ ....

9. $\sqrt[3]{\frac{64}{125}}$ ➡ ....

10. $\sqrt[3]{\frac{125}{216}}$ ➡ ....

11. $\sqrt[3]{\frac{343}{512}}$ ➡ ....

12. $\sqrt[3]{\frac{729}{1000}}$ ➡ ....

13. $\sqrt[3]{0,001}$ ➡ ....

14. $\sqrt[3]{0,008}$ ➡ ....

15. $\sqrt[3]{0,064}$ ➡ ....

16. $\sqrt[3]{0,343}$ ➡ ....

17. $\sqrt[3]{0,729}$ ➡ ....

18. $\sqrt[3]{1,728}$ ➡ ....

19. $\sqrt[3]{15,625}$ ➡ ....

20. $\sqrt[3]{42,875}$ ➡ ....

Algebra: Gleichungen mit einer
Unbekannten (1. Teil) • 1

Die Algebra ist ein Teilgebiet der Mathematik, das sich vor allem mit Gleichungen befasst.
In der Algebra wird mit Buchstaben (z. B. x) gerechnet. Gewöhnlich ist x jeweils eine gesuchte Zahl, die in Gleichungen durch Umformung (= Umstellung) errechnet werden kann.

Beispiel Nr. 1:   *Kürzere Umformung:*

$x + 12 = 27$ $x + 12 = 27 \quad | -12$

$\underline{-12 \quad = -12}$ $x = 15$

$x \quad = 15$

Beispiel Nr. 2:   *Kürzere Umformung:*

$x - 36 = 17$ $x - 36 = 17 \quad | +36$

$\underline{+36 \quad = +36}$ $x = 53$

$x \quad = 53$

Berechne jeweils die gesuchte Zahl x! Mache die **Probe**, ob dein Endergebnis wirklich stimmt!
Die Probe wird gemacht, indem du dein Ergebnis in die Ausgangsgleichung einsetzt.

1. $x + 19 = 28$

   ➲ x = ...

2. $x + 35 = 51$

   ➲ x = ...

3. $x + 49 = 93$

   ➲ x = ...

4. $97 + x = 158$

   ➲ x = ...

5. $112 + x = 276$

   ➲ x = ...

6. $x - 97 = 152$

   ➲ x = ...

7. $x - 235 = 204$

   ➲ x = ...

8. $x - 368 = 371$

   ➲ x = ...

© Persen Verlag

9. 393 = x − 448

    ➲ x = ...

10. 458 = x − 449

    ➲ x = ...

11. 213 = x + 86,7

    ➲ x = ...

12. 413,8 + x = 635,4

    ➲ x = ...

13. x − 152,5 = 176,2

    ➲ x = ...

14. x + 213,2 = 581,1

    ➲ x = ...

15. 340,9 = x − 279,6

    ➲ x = ...

16. x + 146,52 = 793,82

    ➲ x = ...

17. x − 285,36 = 472,09

    ➲ x = ...

18. 137,81 = x − 736,37

    ➲ x = ...

19. 241,51 + x = 923,92

    ➲ x = ...

20. 599,55 = x − 387,83

    ➲ x = ...

Algebra: Gleichungen mit einer Unbekannten (2. Teil) • 1

Normalerweise wird in Gleichungen vor Unbekannten (= Variablen) das Malzeichen weggelassen.

Beispiel: Statt 7 · x = 84 wird 7x = 84 geschrieben.

Durch Umformung wird die gesuchte Zahl x berechnet.

Umformung:	Kürzere Umformung:
7 x = 84	7 x = 84 | : 7
: 7 = : 7	x = 12
x = 12	

Auch Gleichungen, in denen eine Division vorkommt, lassen sich (schnell) durch Umformung lösen.

Beispiel:	*Kürzere Umformung:*
x : 5 = 19	*x : 5 = 19 | · 5*
· 5 = · 5	*x = 95*
x = 95	

Hinweis:
Anstelle des mathematischen Divisionszeichens (:) wird in Gleichungen öfter der Bruchstrich benutzt.

Beispiel: $\frac{x}{5} = 19$

Berechne in folgenden Gleichungen jeweils die gesuchte Zahl x! Mache auch die Proben!

1. 4 x = 24

    ➲ x = ...

2. 7 x = 56

    ➲ x = ...

3. 8 x = 96

    ➲ x = ...

4. 180 = 12 x

    ➲ x = ...

5. 323 = 17 x

➥ x = ...

6. x : 5 = 22

➥ x = ...

7. x : 9 = 27

➥ x = ...

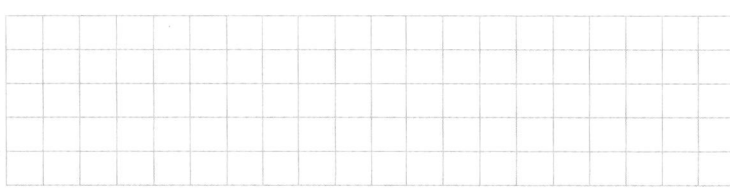

8. x : 13 = 32

➥ x = ...

9. 36 = x : 18

➥ x = ...

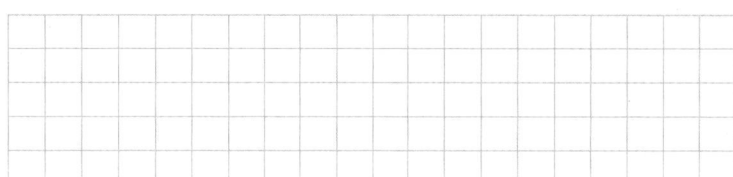

10. 47 = x : 21

➥ x = ...

11. 32 x = 1120

➥ x = ...

12. 1813 = 49 x

➥ x = ...

13. $x : 35 = 62$

⮎ x = ...

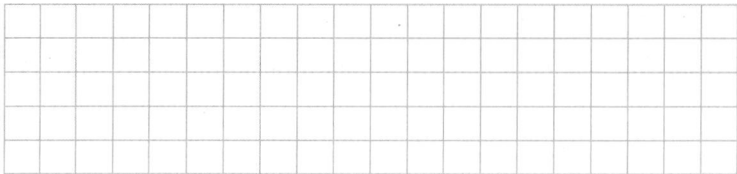

14. $63 = x : 42$

⮎ x = ...

15. $57 = \frac{x}{68}$

⮎ x = ...

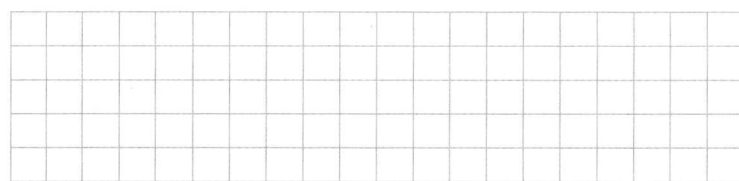

16. $8{,}5\,x = 637{,}5$

⮎ x = ...

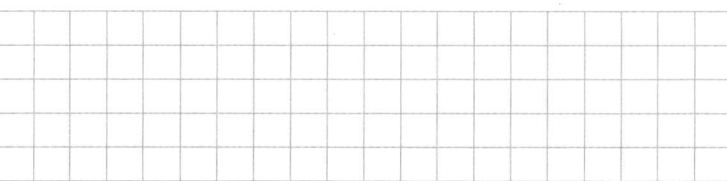

17. $763{,}6 = 9{,}2\,x$

⮎ x = ...

18. $x : 8{,}3 = 97$

⮎ x = ...

19. $94 = x : 9{,}8$

⮎ x = ...

20. $\frac{x}{12{,}9} = 76$

⮎ x = ...

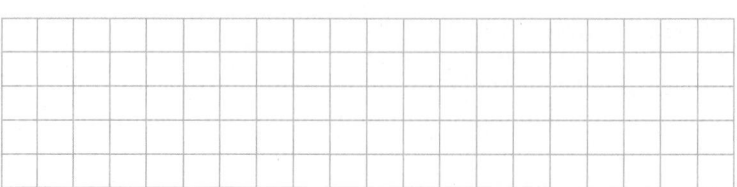

Algebra: Gleichungen mit einer
Unbekannten (3. Teil) • 1

In Gleichungen können verschiedene Grundrechenarten nebeneinander auftreten. Die Unbekannte x lässt sich schrittweise berechnen. Fasse zusammen, was sich zusammenfassen lässt. (Gleichartiges: die reinen Zahlen …). Beachte unbedingt: Die Punktrechnung (·, :) bindet stärker als die Strichrechnung (+, −).

Beispiel Nr. 1:

$x - 27 \quad = 55 + 13$

$\underline{x - 27 \quad = 68 \qquad | + 27}$

$x \qquad = 95$

Beispiel Nr. 2:

$4x + 249 = 641 \qquad | - 249$

$\underline{4x \qquad = 392 \qquad | : 4}$

$x \qquad = 98$

Rechne den x-Wert der folgenden Gleichungen aus! Mache auch die Proben!

1. $x + 18 = 47 - 14$

   ➩ x = ...

2. $32 + x = 61 - 12$

   ➩ x = ...

3. $x + 16 = 72 - 33$

   ➩ x = ...

4. $32 + x = 94 - 36$

   ➩ x = ...

5. $x - 43 = 88 - 77$

   ➩ x = ...

6. $2x + 65 = 191$

   ➩ x = ...

7. $3x - 72 = 162$

   ➩ x = ...

8. $221 = 5x - 214$

   ➩ x = ...

9. $471 = 9 x - 357$

    ➲ x = ...

10. $8 x + 187 = 955$

    ➲ x = ...

11. $x : 3 + 218 = 253$

    ➲ x = ...

12. $x : 5 = 427 - 391$

    ➲ x = ...

13. $519 - 492 = x : 6$

    ➲ x = ...

14. $617 + x : 8 = 651$

    ➲ x = ...

15. $869 = x : 9 + 835$

    ➲ x = ...

16. $4 x - 86 = 294 : 7$

    ➲ x = ...

17. $624 : 6 = 7 x - 204$

    ➲ x = ...

18. $8 x - 315 : 9 = 437$

    ➲ x = ...

19. $x : 3 + 67 \cdot 9 = 629$

    ➲ x = ...

20. $92 \cdot 8 = x : 6 + 709$

    ➲ x = ...

Algebra: Gleichungen mit einer Unbekannten (4. Teil) • 1

Eine Gleichung lässt sich mit einer Waage (Balkenwaage) vergleichen:

Beispiel: 3 x + 7 + 2 x – 3 = 24

Damit die Gleichung (weiterhin) stimmt, gilt es beim Umformen der Gleichung immer zu beachten:

Alles, was links des Gleichheitszeichens gemacht wird, muss auch rechts des Gleichheitszeichens gemacht werden.

Lösungsschritte zur Berechnung der gesuchten Zahl x:

1.) Gleichung vereinfachen, gleichartige Glieder zusammenfassen;

2.) die Unbekannte x auf die eine Seite, die reinen Zahlen auf die andere Seite der Gleichung bringen;

3.) die Unbekannte x ausrechnen;

4.) Probe machen, ob die Gleichung wirklich richtig ist.

Beispiel:

$$3x + 7 + 2x – 3 = 24$$
$$5x + 4 = 24 \qquad | – 4$$
$$5x = 20 \qquad | : 5$$
$$x = 4$$

Probe:

$$3 \cdot 4 + 7 + 2 \cdot 4 – 3 = 24$$
$$12 + 7 + 8 – 3 = 24$$
$$27 – 3 = 24$$
$$24 = 24$$

Rechne in jeder Gleichung die Unbekannte x aus und mache die Probe!

1. x + 4 + 5 = 12

   ➲ x = ...

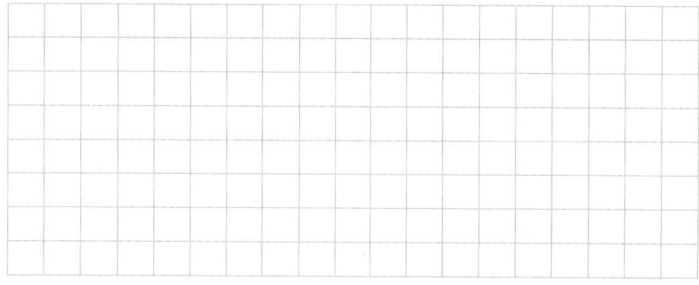

2. x + 12 = 23 – 6

   ➲ x = ...

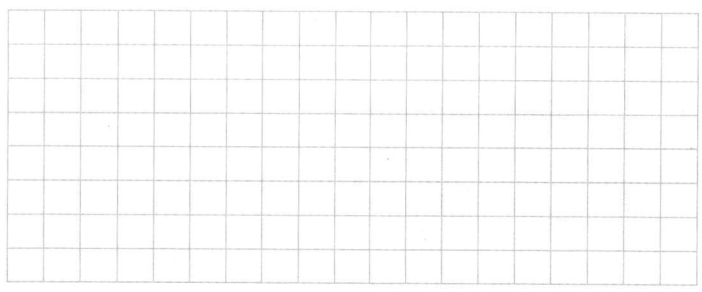

3. x + x + 15 = 31

    ➲ x = ...

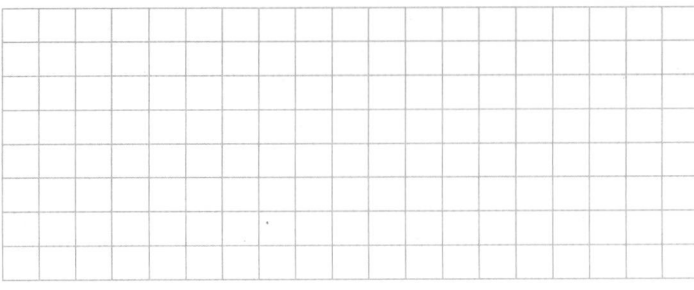

4. 22 − x = x + 4

    ➲ x = ...

5. x + 23 = 45 − x

    ➲ x = ...

6. 2 x + 19 + x = 55

    ➲ x = ...

7. 3 x + 06 = x + 58

    ➲ x = ...

8. 5 x − 38 = 2 x + 16

    ➲ x = ...

9. $4x + 27 = 7x + 36$

    ➲ x = ...

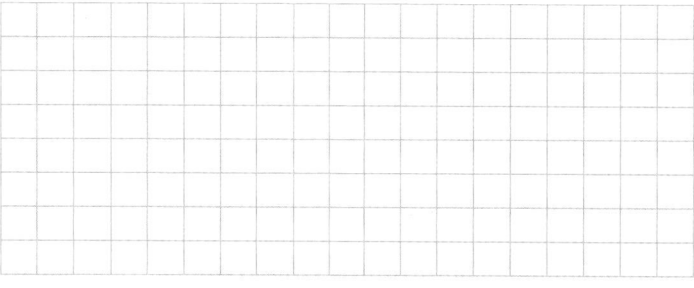

10. $6x - 46 = 9x - 121$

    ➲ x = ...

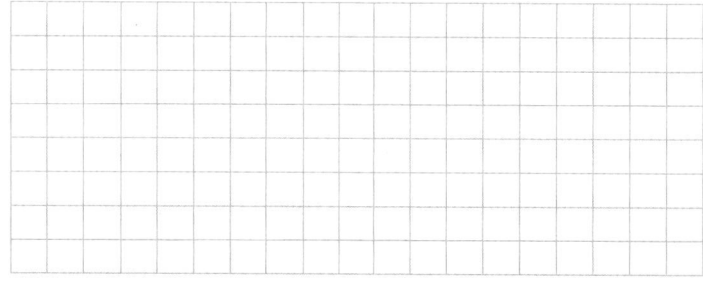

11. $2x + 9 + 4x + 8 = 185$

    ➲ x = ...

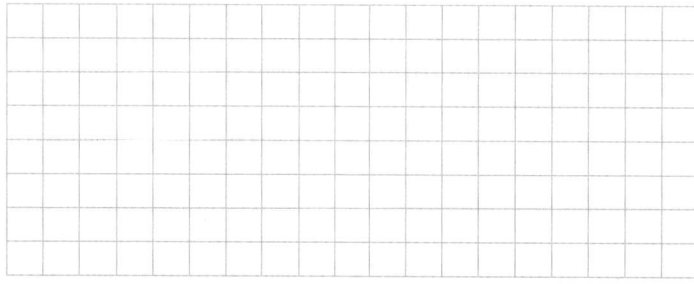

12. $3x + 18 = 5x - 4x + 84$

    ➲ x = ...

13. $8x + 24 = 3x + 168 + x$

    ➲ x = ...

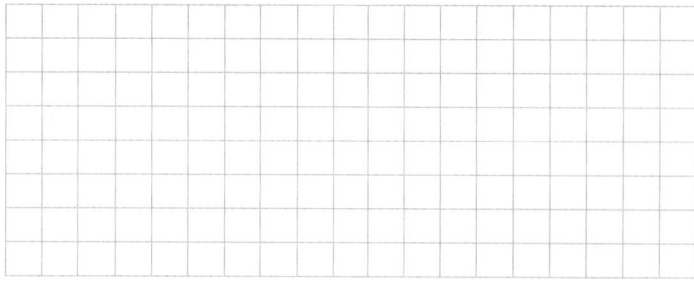

14. $6x + 343 - 4x = 10x + 31$

    ➲ x = ...

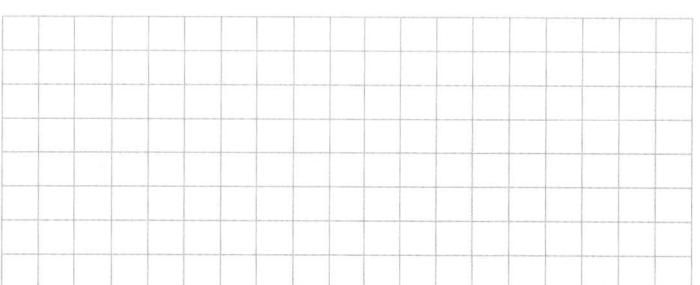

Algebra: Gleichungen mit einer
Unbekannten (4. Teil) • 4

15. 7 x − 196 − 2 x = 9 x − 360

    ➲ x = ...

16. 2 x + 3 x + 4 x = 68 + 97 + 231

    ➲ x = ...

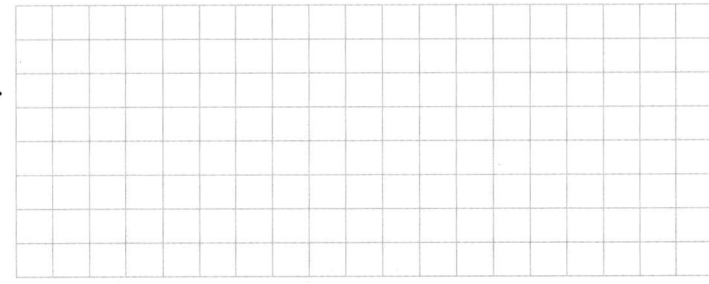

17. 15 x − 4 x − 2 x = 726 − 229 − 83

    ➲ x = ...

18. 7 x + 162 − 265 = 209 − 2 x + 3 x

    ➲ x = ...

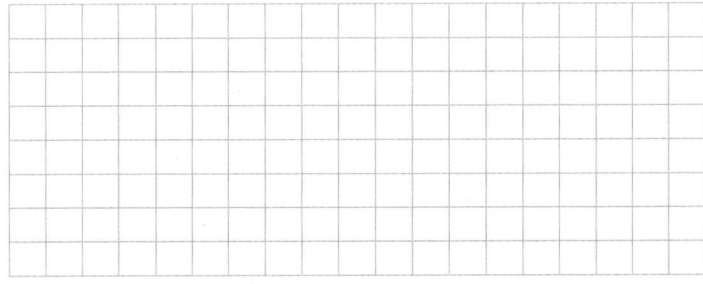

19. 9 x − 406 + 5 x = 4 x + 387 − 213

    ➲ x = ...

20. 8 x + 453 − 5 x = 528 + 6 x − 258

    ➲ x = ...

Algebra (Textaufgaben) • 1

Stelle je Aufgabe eine Gleichung auf und ermittle damit die Lösung!

1. Zählst du zu der gesuchten Zahl die
   Zahl 8 hinzu, kommt 13 als Ergebnis
   heraus.
   Wie heißt die gesuchte Zahl?

   ➲ x = ...

2. Du erhältst 27, wenn du 12 zu der
   gesuchten Zahl dazuzählst.
   Wie lautet die gesuchte Zahl?

   ➲ x = ...

3. Wenn man 5 von der gesuchten Zahl
   abzieht, ist das Ergebnis 4.
   Welche Zahl ist gesucht?

   ➲ x = ...

4. Addiere ich 17 zu der gesuchten Zahl,
   kommt dasselbe Resultat heraus, als
   wenn ich von 31 die Zahl 7 subtrahiere.
   Wie heißt die gesuchte Zahl?

   ➲ x = ...

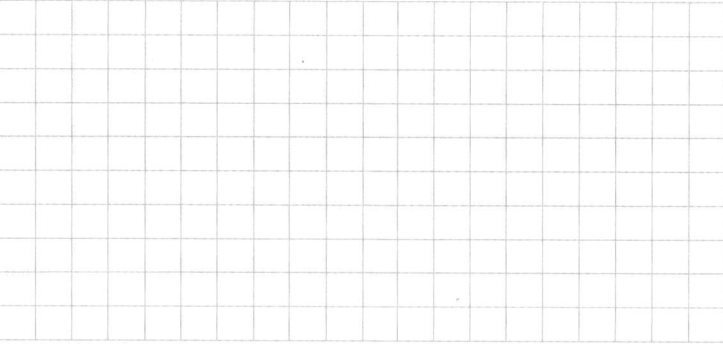

5. Von welcher gesuchten Zahl beträgt
   das Achtfache 136?

   ➲ x = ...

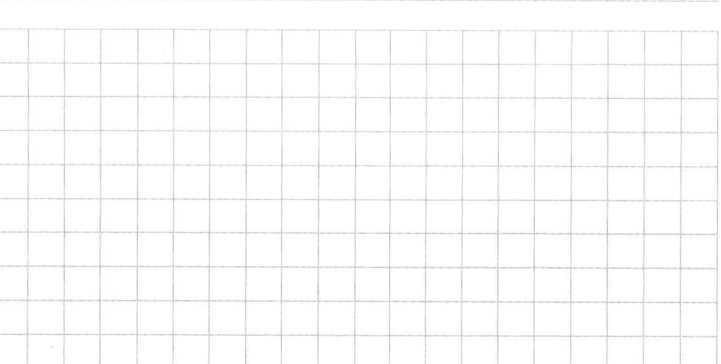

6. Multipliziert man die gesuchte Zahl mit 7, ist das Produkt 98.
   Wie heißt die gesuchte Zahl?

   ➲ x = ...

7. Nimm die gesuchte Zahl mit 6 mal und ziehe davon 10 ab, so bekommst du 14.
   Welche ist die gesuchte Zahl?

   ➲ x = ...

8. Subtrahiere von 54 das Achtfache einer gesuchten Zahl und du erhältst 30.
   Bestimme die gesuchte Zahl.

   ➲ x = ...

9. In 6 Jahren ist ein Kind dreimal so alt wie heute.
   Wie alt ist das Kind heute?

   ➲ x = ...

10. Hätte ich 4 Euro mehr als das Fünffache des Geldes, hätte ich 34 Euro im Portemonnaie.
    Wie viel Geld habe ich im Portemonnaie?

    ➲ x = ...

11. Addiert man zum Dreifachen einer gesuchten Zahl das Vierfache dieser Zahl, ergibt sich 77.
    Wie heißt die gesuchte Zahl?

    ➲ x = ...

12. Multipliziere die gesuchte Zahl mit 6 und subtrahiere 12! Du bekommst dasselbe Resultat, wenn du die gesuchte Zahl mit 4 multiplizierst und 12 addierst.
    Ermittle die gesuchte Zahl!

    ➲ x = ...

13. Sofern du die gesuchte Zahl durch 9 teilst, beträgt das Ergebnis 13.
    Wie lautet die gesuchte Zahl?

    ➲ x = ...

14. Wird 21 zu einer gesuchten Zahl addiert, ist das Ergebnis dasselbe, als wenn 21 vom Siebenfachen der gesuchten Zahl subtrahiert wird.
    Nenne die gesuchte Zahl!

    ➲ x = ...

15. Der achte Teil einer gesuchten Zahl beträgt genauso viel wie die Summe von 3 und 2.
    Welche Zahl ist die gesuchte?

    ➲ x = ...

16. Die Hälfte einer gesuchten Zahl
    entspricht dem Doppelten der Zahl 4.
    Berechne die gesuchte Zahl.

    ➲ x = ...

17. Teile ich die gesuchte Zahl durch 4,
    komme ich zum selben Ergebnis,
    als wenn ich 15 von der gesuchten Zahl
    abziehe.
    Bestimme die gesuchte Zahl!

    ➲ x = ...

18. Ich denke an eine bestimmte Zahl.
    Diese Zahl dividiere ich durch 9.
    Dann addiere ich 17 und bekomme als
    Ergebnis 20.
    An welche Zahl denke ich?

    ➲ x = ...

19. Wie heißt die gesuchte Zahl, deren
    Hälfte und deren drittel zusammen
    genau 5 ergeben?

    ➲ x = ...

20. Die Summe von 3 nacheinander
    folgenden positiven Zahlen beträgt 42.
    Wie heißen die 3 positiven Zahlen?

    ➲ x = ...

Geld (Euro)

Euro	**Cent**
EUR	**ct**

Euro $\xrightarrow{\ +\ 2\ \text{Stellen}\ }$ Cent

Euro $\xleftarrow{\ -\ 2\ \text{Stellen}\ }$ Cent

1 Euro = 100 Cent

0,01 Euro = 1 Cent

Beispiele: *25 Euro = 2 500 Cent*   *36 Cent = 0,36 Euro*

Rechne um!

1.	5 Euro	=	➥	Cent
2.	72 Euro	=	➥	Cent
3.	120 Euro	=	➥	Cent
4.	8 436 Euro	=	➥	Cent
5.	52 309 Euro	=	➥	Cent
6.	60 000 Cent	=	➥	Euro
7.	44 500 Cent	=	➥	Euro
8.	5 600 Cent	=	➥	Euro
9.	3 100 Cent	=	➥	Euro
10.	300 Cent	=	➥	Euro

Schreibe als Euro mit Komma!

11.	2 Euro	30 Cent	=	➥ ...., ...	Euro
12.	8 Euro	5 Cent	=	➥ ...., ...	Euro
13.	36 Euro	41 Cent	=	➥ ...., ...	Euro
14.	41 Euro	2 Cent	=	➥ ...., ...	Euro
15.	787 Euro	9 Cent	=	➥ ...., ...	Euro
16.		961 Cent	=	➥ ...., ...	Euro
17.		1 204 Cent	=	➥ ...., ...	Euro
18.		25 360 Cent	=	➥ ...., ...	Euro
19.		76 Cent	=	➥ ...., ...	Euro
20.		8 Cent	=	➥ ...., ...	Euro

Zeitrechnung

1 Jahr = 12 Monate

1 Jahr = 52 Wochen

1 Jahr = 365 Tage bzw. 366 Tage

1 Monat = 31 Tage bzw. 30 Tage oder 28 Tage

1 Monat ≈ 4 Wochen

1 Woche = 7 Tage

1 Tag = 24 Stunden

1 Stunde = 60 Minuten

1 Minute = 60 Sekunden

Abkürzungen: d = Tag(e)   h = Stunde(n)   min = Minute(n)   s(ec) = Sekunde(n)

Rechne um!

Nr.	Wert	Einheit		Ergebnis	Einheit
1.	3	Jahre	= ⮑	....	Monate
2.	15	Jahre	= ⮑	....	Monate
3.	84	Monate	= ⮑	....	Jahre
4.	144	Monate	= ⮑	....	Jahre
5.	6	Wochen	= ⮑	....	Tage
6.	119	Tage	= ⮑	....	Wochen
7.	8	Tage	= ⮑	....	Stunden
8.	216	Stunden	= ⮑	....	Tage
9.	14	Stunden	= ⮑	....	Minuten
10.	1440	Minuten	= ⮑	....	Stunden
11.	30	Minuten	= ⮑	....	Sekunden
12.	2700	Sekunden	= ⮑	....	Minuten
13.	9	Stunden	= ⮑	....	Sekunden
14.	7200	Sekunden	= ⮑	....	Stunden
15.	$6\frac{1}{2}$	Stunden	= ⮑	....	Sekunden
16.	9000	Sekunden	= ⮑	....	Stunden
17.	2	Tage	= ⮑	....	Minuten
18.	5760	Minuten	= ⮑	....	Tage
19.	1	Woche	= ⮑	....	Minuten
20.	50400	Minuten	= ⮑	....	Wochen

Gewichte (Massen)

Tonne	Kilogramm	Gramm	Milligramm
t	kg	g	mg

Beispiel:

2 t = 2 000 kg = 2 000 000 g = 2 000 000 000 mg

t $\xrightarrow{\text{+ 3 Stellen}}$ kg $\xrightarrow{\text{+ 3 Stellen}}$ g $\xrightarrow{\text{+ 3 Stellen}}$ mg

t $\xleftarrow{\text{– 3 Stellen}}$ kg $\xleftarrow{\text{– 3 Stellen}}$ g $\xleftarrow{\text{– 3 Stellen}}$ mg

Übertrage!

1.	4	t	=	kg
2.	6	kg	=	g
3.	7	g	=	mg
4.	15	t	=	kg
5.	26	kg	=	g
6.	38	g	=	mg
7.	2 000	mg	=	g
8.	64 000	g	=	kg
9.	420 000	kg	=	t
10.	5 100 000	kg	=	t
11.	6	t	=	g
12.	8	kg	=	mg
13.	7 000 000	mg	=	kg
14.	6 000 000	g	=	t
15.	9	t	=	mg
16.	1,5	kg	=	g
17.	0,7	kg	=	mg
18.	168	mg	=	kg
19.	867,1	g	=	t
20.	992,5	mg	=	t

Längenmaße (1. Teil)

Merke dir bei der Umwandlung von Längenmaßen:

km $\xrightarrow{\text{+ 3 Stellen}}$ m $\xrightarrow{\text{+ 1 Stelle}}$ dm $\xrightarrow{\text{+ 1 Stelle}}$ cm $\xrightarrow{\text{+ 1 Stelle}}$ mm

km $\xleftarrow{\text{– 2 Stellen}}$ m $\xleftarrow{\text{– 1 Stelle}}$ dm $\xleftarrow{\text{– 1 Stelle}}$ cm $\xleftarrow{\text{– 1 Stelle}}$ mm

Beispiele:

5 dm = 50 cm   *6 m = 6 000 mm*   *8 m = 0,008 km*

(dm $\xrightarrow{\text{+ 1 Stelle}}$ cm)   *(m $\xrightarrow{\text{+ 3 Stellen}}$ mm)*   *(m $\xrightarrow{\text{– 3 Stellen}}$ km)*

Wandle um!

1.	2	km	=	⮑	m
2.	3	dm	=	⮑	cm
3.	5	mm	=	⮑	cm
4.	7	dm	=	⮑	m
5.	9	m	=	⮑	km
6.	4	km	=	⮑	dm
7.	8	m	=	⮑	cm
8.	1	mm	=	⮑	dm
9.	4	cm	=	⮑	m
10.	5	dm	=	⮑	km
11.	2,5	km	=	⮑	cm
12.	3,6	m	=	⮑	mm
13.	5,8	cm	=	⮑	m
14.	7,3	cm	=	⮑	km
15.	8,4	km	=	⮑	mm
16.	9,7	cm	=	⮑	km
17.	0,07	km	=	⮑	cm
18.	0,09	m	=	⮑	mm
19.	24,8	km	=	⮑	mm
20.	72,9	cm	=	⮑	km

Längenmaße (2. Teil)

	Kilometer km		Meter m		Dezimeter dm		Zentimeter cm		Millimeter mm
Beispiele:	3 km	=	3 000 m	=	30 000 dm	=	300 000 cm	=	3 000 000 mm
	0,000007 km	=	0,007 m	=	0,07 dm	=	0,7 cm	=	7 mm
	0,0009 km	=	0,9 m	=	9 dm	=	90 cm	=	900 mm

Verwandle!

Nr.	Kilometer km		Meter m		Dezimeter dm		Zentimeter cm		Millimeter mm
1.	1 km	=	....	=	....	=	....	=	....
2.	....	=	2 m	=	....	=	....	=	....
3.	....	=	....	=	4 dm	=	....	=	....
4.	....	=	....	=	....	=	7 cm	=	....
5.	....	=	....	=	....	=	....	=	8 mm
6.	....	=	....	=	....	=	....	=	90 mm
7.	....	=	....	=	....	=	62 cm	=	....
8.	....	=	....	=	53 dm	=	....	=	....
9.	....	=	85 m	=	....	=	....	=	....
10.	99 km	=	....	=	....	=	....	=	....
11.	0,6 km	=	....	=	....	=	....	=	....
12.	....	=	1,8 m	=	....	=	....	=	....
13.	....	=	....	=	2,6 dm	=	....	=	....
14.	....	=	....	=	....	=	3,8 cm	=	....
15.	....	=	....	=	....	=	....	=	72 mm
16.	....	=	....	=	....	=	....	=	401 mm
17.	....	=	....	=	....	=	52,5 cm	=	....
18.	....	=	....	=	66,3 dm	=	....	=	....
19.	....	=	84,4 m	=	....	=	....	=	....
20.	0,15 km	=	....	=	....	=	....	=	....

Kleine Flächenmaße

Quadratmeter m²	Quadratdezimeter dm²	Quadratzentimeter cm²	Quadratmillimeter mm²

Beispiele:

6 m²	=	600 dm²	=	60 000 cm²	=	6 000 000 mm²
0,04 m²	=	4 dm²	=	400 cm²	=	40 000 mm²
0,0009 m²	=	0,09 dm²	=	9 cm²	=	900 mm²

m² —— + 2 Stellen —→ dm² —— + 2 Stellen —→ cm² —— + 2 Stellen —→ mm²

m² ←—— − 2 Stellen —— dm² ←—— − 2 Stellen —— cm² ←—— − 2 Stellen —— mm²

➲ Vervollständige die Tabelle!

Quadratmeter m²		Quadratdezimeter dm²		Quadratzentimeter cm²		Quadratmillimeter mm²
1 m²	=	100 m²	=	cm²	=	mm²
m²	=	5 000 m²	=	cm²	=	mm²
m²	=	m²	=	60 000 cm²	=	mm²
m²	=	m²	=	cm²	=	900 000 mm²
m²	=	m²	=	cm²	=	2 578 mm²
m²	=	m²	=	3,1 cm²	=	mm²
m²	=	70,9 m²	=	cm²	=	mm²

Zur Veranschaulichung:

Hinweis: In Schulen sind die Klappflächen der meisten Wandtafeln 1 m² groß.

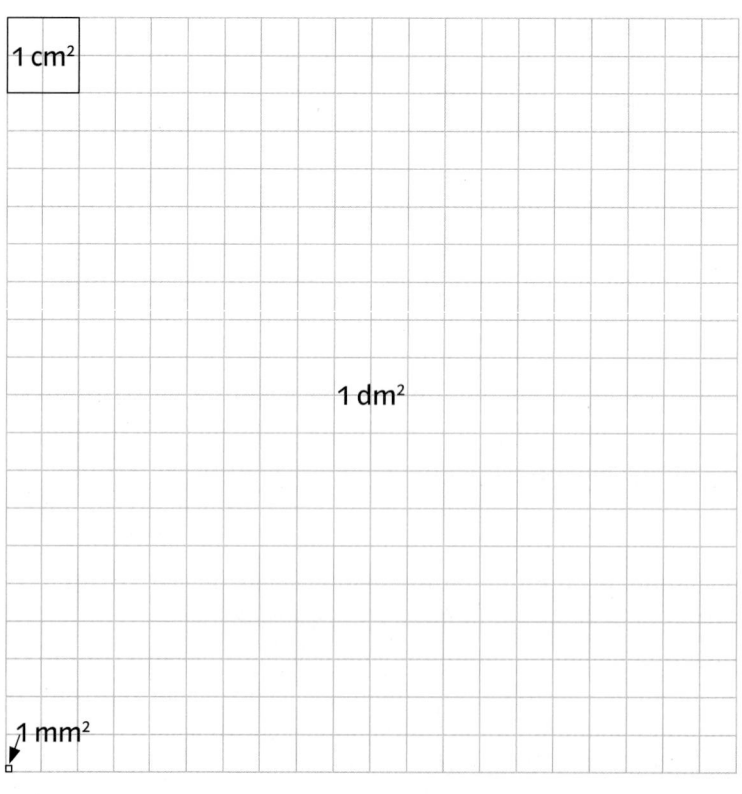

1 cm²

1 dm²

1 mm²

Große Flächenmaße

Quadratkilometer km²	Hektar ha	Ar a	Quadratmeter m²

Beispiele:

8 km²	=	800 ha	=	80 000 a	=	8 000 000 m²
0,06 km²	=	60 ha	=	6 000 a	=	600 000 m²
0,007 km²	=	0,7 ha	=	70 a	=	7 000 m²

km² $\xrightarrow{\text{+ 2 Stellen}}$ ha $\xrightarrow{\text{+ 2 Stellen}}$ a $\xrightarrow{\text{+ 2 Stellen}}$ m²

km² $\xleftarrow{\text{− 2 Stellen}}$ ha $\xleftarrow{\text{− 2 Stellen}}$ a $\xleftarrow{\text{− 2 Stellen}}$ m²

➲ Vervollständige die Tabelle!

Quadratkilometer km²		Hektar ha		Ar a		Quadratmeter m²
20 km²	=	2 000 ha	=	a	=	m²
km²	=	30 ha	=	a	=	m²
km²	=	ha	=	400 a	=	m²
km²	=	ha	=	a	=	72 000 m²
km²	=	ha	=	6 053 a	=	m²
km²	=	1,75 ha	=	a	=	m²
0,000091 km²	=	ha	=	a	=	m²

Zur Verdeutlichung:

Als Quadrat

– ist ein Quadratkilometer 1 km lang und 1 km breit.

– ist ein Hektar 100 m lang und 100 m breit.

– ist ein Ar 10 m lang und 10 m breit.

– ist ein Quadratmeter 1 m lang und 1 m breit.

Raummaße

	Kubikmeter m³	Kubikdezimeter dm³	Kubikzentimeter cm³	Kubikmillimeter mm³
Beispiele:	2 m³ =	2 000 dm³ =	2 000 000 cm³ =	2 000 000 000 mm³
	0,5 m³ =	500 dm³ =	500 000 cm³ =	50 000 000 000 mm³
	0,063 m³ =	63 dm³ =	63 000 cm³ =	63 000 000 mm³

m³ ——+ 3 Stellen→ dm³ ——+ 3 Stellen→ cm³ ——+ 3 Stellen→ mm³
m³ ←—– 3 Stellen—— dm³ ←—– 3 Stellen—— cm³ ←—– 3 Stellen—— mm³

⮕ Vervollständige die Tabelle!

Kubikmeter m³		Kubikdezimeter dm³		Kubikzentimeter cm³		Kubikmillimeter mm³
4 m³	=	4 000 dm³	=	cm³	=	mm³
m³	=	300 dm³	=	cm³	=	mm³
m³	=	dm³	=	60 cm³	=	mm³
m³	=	dm³	=	cm³	=	8 100 000 mm³
m³	=	dm³	=	739 cm³	=	mm³
m³	=	81,1 dm³	=	cm³	=	mm³
0,000078 m³	=	dm³	=	cm³	=	mm³

Zur Verdeutlichung:

Als Würfel

– ist ein Kubikmeter 1 m lang, 1 m breit und 1 m hoch.

– ist ein Kubikdezimeter 1 dm lang, 1 dm breit und 1 dm hoch.

– ist ein Kubikzentimeter 1 cm lang, 1 cm breit und 1 cm hoch.

– ist ein Kubikmillimeter 1 mm lang, 1 mm breit und 1 mm hoch.

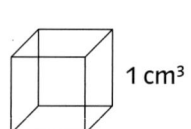

1 cm³

Hohlmaße

Hektoliter hl		Liter l		Milliliter ml
1 hl	=	100 l	=	100 000 ml
36 hl	=	3 600 l	=	3 600 000 ml
0,25 hl	=	25 l	=	25 000 ml

Beispiele:

hl ——— + 2 Stellen ——→ l ——— + 3 Stellen ——→ ml
hl ←—— − 2 Stellen ——— l ←—— − 3 Stellen ——— ml

➲ Ergänze die Tabelle!

Hektoliter hl		Liter l		Milliliter ml
5 hl	=	l	=	ml
hl	=	400 l	=	ml
hl	=	l	=	200 000 ml
hl	=	l	=	50 000 ml
hl	=	37 l	=	ml
1,2 hl	=	l	=	ml
hl	=	681,2 l	=	ml
hl	=	l	=	7 856 ml
hl	=	9,43 l	=	ml
0,0058 hl	=	l	=	ml

Hinweise:

1 m³ = 10 hl

1 dm³ = 1 l

1 cm³ = 1 ml

Maßeinheiten

Euro, min, kg, km, m², dm³, l … sind Maßeinheiten. Maßeinheiten sind gewöhnlich verbunden mit Zahlen (= Maßzahlen).

Beispiel:

3 m

Maßzahl ⌐ ⌐ *Maßeinheit*

In der Mathematik wird eine Maßzahl zusammen mit einer Maßeinheit als Größe bezeichnet.

Verwandle in die jeweils angegebene Maßeinheit!

1.	720	Euro	= ➲	....	Cent
2.	9	Cent	= ➲	....	Euro
3.	4	d	= ➲	....	h
4.	7	h	= ➲	....	min
5.	45	min	= ➲	....	sec
6.	150	kg	= ➲	....	g
7.	2	kg	= ➲	....	mg
8.	4 000	kg	= ➲	....	t
9.	6	m	= ➲	....	cm
10.	9	km	= ➲	....	dm
11.	23	mm	= ➲	....	m
12.	4	cm²	= ➲	....	dm²
13.	31	m²	= ➲	....	mm²
14.	800	m²	= ➲	....	km²
15.	0,7	m³	= ➲	....	dm³
16.	5 100	cm³	= ➲	....	m³
17.	70 300	mm³	= ➲	....	dm³
18.	90,3	hl	= ➲	....	l
19.	9 316,1	hl	= ➲	....	ml
20.	87 520	ml	= ➲	....	hl

Test: Höhere Rechenarten, Algebra, Maßeinheiten · A

Name:

Erreichte Punktzahl:

1. Rechne aus: 3^4 = ➲ ....

2. Rechne aus: $4^3 + 2^5$ = ➲ ....

3. Rechne aus: $\sqrt{169}$ ➲ ....

4. Zwischen welchen zwei natürlichen Zahlen liegt der Wurzelwert? $\sqrt{350}$ ≈ ➲ ....

Berechne jeweils die gesuchte Zahl x!

5. x + 319 = 542

   ➲ x = ...

6. x − 267 = 478

   ➲ x = ...

7. 17 x = 391

   ➲ x = ...

8. x : 26 = 22

   ➲ x = ...

9. 7 x + 67 = 151

   ➲ x = ...

10. 5 x + 58 = 11 x − 44

    ➲ x = ...

Rechne in die jeweils angegebene Einheit um!

#	Wert	Einheit			Ziel
11.	480	Cent	=	➲	Euro
12.	$\frac{3}{4}$	h	=	➲	sec
13.	2,1	kg	=	➲	mg
14.	73,5	dm	=	➲	mm
15.	6,3	m	=	➲	km
16.	31,26	m²	=	➲	cm²
17.	8 709	m²	=	➲	km²
18.	9,03	cm³	=	➲	mm³
19.	1516	mm³	=	➲	m³
20.	0,8	hl	=	➲	ml

Test: Höhere Rechenarten, Algebra, Maßeinheiten · B

Name:

Erreichte Punktzahl:

1. Rechne aus: $5^3 =$ ➲ ....

2. Rechne aus: $2^6 + 6^2 =$ ➲ ....

3. Rechne aus: $\sqrt{196}$ ➲ ....

4. Zwischen welchen zwei natürlichen Zahlen liegt der Wurzelwert? $\sqrt{250} \approx$ ➲ ....

Berechne jeweils die gesuchte Zahl x!

5. $x - 328 = 519$

   ➲ x = ...

6. $x + 275 = 463$

   ➲ x = ...

7. $x : 28 = 21$

   ➲ x = ...

8. $18\,x = 396$

   ➲ x = ...

9. $9\,x - 39 = 78$

   ➲ x = ...

10. $12\,x - 73 = 4\,x + 55$

    ➲ x = ...

Rechne in die jeweils angegebene Einheit um!

11.	55	Cent	=	➲	Euro
12.	$1\frac{1}{2}$	h	=	➲	sec
13.	12,3	t	=	➲	g
14.	9,1	m	=	➲	cm
15.	25,4	dm	=	➲	km
16.	418,2	dm²	=	➲	mm²
17.	504,6	m²	=	➲	km²
18.	6,17	m³	=	➲	cm³
19.	30 907	mm³	=	➲	dm³
20.	792	ml	=	➲	hl

Test: Höhere Rechenarten, Algebra, Maßeinheiten · C

Name:

Erreichte Punktzahl:

1. Rechne aus: $6^3 =$ ➲ ....

2. Rechne aus: $3^5 + 4^3 =$ ➲ ....

3. Rechne aus: $\sqrt{256}$ ➲ ....

4. Zwischen welchen zwei natürlichen Zahlen liegt der Wurzelwert? $\sqrt{370} \approx$ ➲ ....

Berechne jeweils die gesuchte Zahl x!

5. $x + 427 = 658$

    ➲ x = ...

6. $x - 543 = 438$

    ➲ x = ...

7. $16x = 304$

    ➲ x = ...

8. $x : 24 = 27$

    ➲ x = ...

9. $8x + 85 = 189$

    ➲ x = ...

10. $11x - 32 = 7x + 52$

    ➲ x = ...

Rechne in die jeweils angegebene Einheit um!

11.	7	Cent	=	➲	Euro
12.	$\frac{1}{2}$	h	=	➲	sec
13.	13,5	kg	=	➲	mg
14.	5,6	dm	=	➲	mm
15.	4 536	mm	=	➲	m
16.	181,4	dm²	=	➲	cm²
17.	2 639	mm²	=	➲	cm²
18.	78,3	m³	=	➲	dm³
19.	63 792	cm³	=	➲	m³
20.	7 865	l	=	➲	ml

Test: Höhere Rechenarten, Algebra, Maßeinheiten · D

1. Rechne aus: 7^3 =   ➲ ....

2. Rechne aus: $4^4 - 3^4$ =   ➲ ....

3. Rechne aus: $\sqrt{289}$ ➲ ....

4. Zwischen welchen zwei natürlichen Zahlen liegt der Wurzelwert? $\sqrt{320}$ ≈ ➲ ....

Berechne jeweils die gesuchte Zahl x!

5. x – 449 = 472

    ➲ x = ...

6. x + 365 = 634

    ➲ x = ...

7. 19 x = 285

    ➲ x = ...

8. x : 23 = 28

    ➲ x = ...

9. 6 x + 79 = 181

    ➲ x = ...

10. 13 x – 97 = 6 x + 57

    ➲ x = ...

Rechne in die jeweils angegebene Einheit um!

11.	13	Cent	=	➲	Euro
12.	$\frac{1}{4}$	h	=	➲	sec
13.	5,1	t	=	➲	kg
14.	0,9	m	=	➲	dm
15.	538	m	=	➲	km
16.	65,9	cm²	=	➲	mm²
17.	726,4	cm²	=	➲	m²
18.	807,1	dm³	=	➲	cm³
19.	5 219	mm³	=	➲	dm³
20.	340	ml	=	➲	l

Höhere Rechenarten, Algebra, Maßeinheiten

Themenübersicht:

Was kannst du?

Potenzwerte von Dezimalzahlen und Bruchzahlen ausrechnen (2)	Potenzen addieren und subtrahieren (3)	Potenzen multiplizieren und dividieren (4)	Quadratwurzeln aus natürlichen Zahlen ziehen (5)	
Näherungswerte von Quadratwurzeln ermitteln (7)	Lineare Gleichungen mit 1 Unbekannten und enthaltener Addition lösen (8)	Lineare Gleichungen mit 1 Unbekannten und enthaltener Subtraktion lösen (9)	Lineare Gleichungen mit 1 Unbekannten und enthaltener Multiplikation lösen (10)	
Lineare Gleichungen mit 1 Unbekannten und enthaltenen verschiedenen Grundrechenarten lösen (12)	Geldeinheiten (Euro) umrechnen (13)	Zeiteinheiten umrechnen (14)	Gewichtseinheiten (Massen) umrechnen (15)	
Kleine Flächenmaße umrechnen (17)	Große Flächenmaße umrechnen (18)	Raummaße umrechnen (19)	Hohlmaße umrechnen (20)	

(Potenzwerte natürlicher Zahlen ausrechnen (1))
(Quadratwurzeln aus Dezimalzahlen ziehen (6))
(Lineare Gleichungen mit 1 Unbekannten und enthaltener Division lösen (11))
(Längenmaße umrechnen (16))

Lernerfolgskontrolle 1

Name:

Was kannst du?

1. $2^3 =$ ....

2. $1,2^2 =$ ....

3. $3^2 + 4^3 =$ ....

4. $3 \cdot 5^3 =$ ....

5. $\sqrt{36} =$ ....

6. $\sqrt{0,25} =$ ....

7. Zwischen welchen beiden natürlichen Zahlen liegt der Wert von $\sqrt{60}$?

8. Wie heißt die gesuchte Zahl x?
x + 17 = 52

9. Wie heißt die gesuchte Zahl x?
x − 43 = 32

10. Wie heißt die gesuchte Zahl x?
8 · x = 96

11. Wie heißt die gesuchte Zahl x?
x : 15 = 6

12. Wie heißt die gesuchte Zahl x?
x + 34 = 84 − x

13. Rechne um!
18 Euro = ... Cent

14. Rechne um!
2 Stunden = ... Sekunden

15. Rechne um!
16 kg = ... g

16. Rechne um!
15 m = ... mm

17. Rechne um!
5 m² = ... cm²

18. Rechne um!
3 km² = ... ha

19. Rechne um!
20 dm³ = ... mm³

20. Rechne um!
6 hl = ... ml

Lernerfolgskontrolle 2

Was kannst du?

1 $6^3 = $ ....

2 $\left(\frac{1}{3}\right)^3 = $ ....

3 $2^6 - 6^2 = $ ....

4 $75 : 5^2 = $ ....

5 $\sqrt{49} = $ ....

6 $\sqrt{1{,}44} = $ ....

7   Zwischen welchen beiden natürlichen Zahlen liegt der Wert von $\sqrt{200}$?

8   Berechne die gesuchte Zahl x! $71 = 28 + x$

9   Berechne die gesuchte Zahl x! $65 = 93 - x$

10   Berechne die gesuchte Zahl x! $120 = 5 \cdot x$

11   Berechne die gesuchte Zahl x! $26 = 806 : x$

12   Berechne die gesuchte Zahl x! $3x + 30 = 105 - 2x$

13   Wandle um!   25 Euro 3 Cent = ... Euro

14   Wandle um!   1 Tag = ... Minuten

15   Wandle um!   5 t = ... g

16   Wandle um!   8 dm = ... km

17   Wandle um!   51 mm² = ... m²

18   Wandle um!   680 m² = ... km²

19   Wandle um!   3 m³ = ... cm³

20   Wandle um!   251 ml = ... l

Lösungen

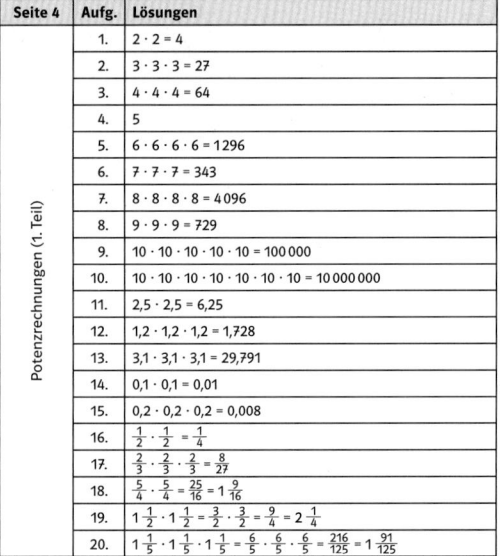

Seite 4 — Potenzrechnungen (1. Teil)

Aufg.	Lösungen
1.	$2 \cdot 2 = 4$
2.	$3 \cdot 3 \cdot 3 = 27$
3.	$4 \cdot 4 \cdot 4 = 64$
4.	5
5.	$6 \cdot 6 \cdot 6 \cdot 6 = 1296$
6.	$7 \cdot 7 \cdot 7 = 343$
7.	$8 \cdot 8 \cdot 8 \cdot 8 = 4096$
8.	$9 \cdot 9 \cdot 9 = 729$
9.	$10 \cdot 10 \cdot 10 \cdot 10 \cdot 10 = 100\,000$
10.	$10 \cdot 10 \cdot 10 \cdot 10 \cdot 10 \cdot 10 \cdot 10 = 10\,000\,000$
11.	$2,5 \cdot 2,5 = 6,25$
12.	$1,2 \cdot 1,2 \cdot 1,2 = 1,728$
13.	$3,1 \cdot 3,1 \cdot 3,1 = 29,791$
14.	$0,1 \cdot 0,1 = 0,01$
15.	$0,2 \cdot 0,2 \cdot 0,2 = 0,008$
16.	$\frac{1}{2} \cdot \frac{1}{2} = \frac{1}{4}$
17.	$\frac{2}{3} \cdot \frac{2}{3} \cdot \frac{2}{3} = \frac{8}{27}$
18.	$\frac{5}{4} \cdot \frac{5}{4} = \frac{25}{16} = 1\frac{9}{16}$
19.	$1\frac{1}{2} \cdot 1\frac{1}{2} = \frac{3}{2} \cdot \frac{3}{2} = \frac{9}{4} = 2\frac{1}{4}$
20.	$1\frac{1}{5} \cdot 1\frac{1}{5} \cdot 1\frac{1}{5} = \frac{6}{5} \cdot \frac{6}{5} \cdot \frac{6}{5} = \frac{216}{125} = 1\frac{91}{125}$

Seite 5 — Potenzrechnungen (2. Teil)

Aufg.	Lösungen
1.	$32 + 17 = 49$
2.	$9 + 25 = 34$
3.	$42 + 36 = 78$
4.	$21 + 64 = 85$
5.	$128 - 82 = 46$
6.	$81 - 26 = 55$
7.	$278 - 216 = 62$
8.	$392 - 343 = 49$
9.	$27 + 64 = 91$
10.	$128 + 81 = 209$
11.	$343 - 125 = 218$
12.	$512 - 256 = 256$
13.	$7 + 7 \cdot 8 = 7 + 56 = 63$
14.	$3 \cdot 16 + 4 \cdot 9 = 48 + 36 = 84$
15.	$2 \cdot 64 - 49 = 128 - 49 = 79$
16.	$3 \cdot 125 - 5 \cdot 36 = 375 - 180 = 195$
17.	$15^2 + 5 \cdot 32 = 225 + 160 = 385$
18.	$16^2 - 6 \cdot 27 = 256 - 162 = 94$
19.	$(729 - 81) : 3 + 125 = 648 : 3 + 125 = 216 + 125 = 341$
20.	$4 \cdot 256 - (3 \cdot 216) : 6 = 1024 - 648 : 6 = 1024 - 108 = 916$

Seite 6 — Quadratwurzeln (1. Teil)

Aufg.	Lösungen
1.	1
2.	2
3.	5
4.	8
5.	9
6.	11
7.	12
8.	15
9.	18
10.	19
11.	0,3
12.	0,4
13.	0,6
14.	0,7
15.	1,3
16.	1,6
17.	2,2
18.	2,5
19.	2,7
20.	3,1

Seite 7 — Quadratwurzeln (2. Teil)

Aufg.	Lösungen
1.	1 und 2
2.	3 und 4
3.	5 und 6
4.	7 und 8
5.	9 und 10
6.	12 und 13
7.	13 und 14
8.	16 und 17
9.	17 und 18
10.	19 und 20
11.	22 und 23
12.	26 und 27
13.	28 und 29
14.	31 und 32
15.	37 und 38
16.	42 und 43
17.	48 und 49
18.	56 und 57
19.	64 und 65
20.	70 und 71

Seite 9 — Kubikzahlen

Aufg.	Lösungen
1.	$3 \cdot 3 \cdot 3 = 27$
2.	$4 \cdot 4 \cdot 4 = 64$
3.	$6 \cdot 6 \cdot 6 = 216$
4.	$7 \cdot 7 \cdot 7 = 343$
5.	$8 \cdot 8 \cdot 8 = 512$
6.	$9 \cdot 9 \cdot 9 = 729$
7.	$10 \cdot 10 \cdot 10 = 1000$
8.	$11 \cdot 11 \cdot 11 = 1331$
9.	$1,2 \cdot 1,2 \cdot 1,2 = 1,728$
10.	$2,5 \cdot 2,5 \cdot 2,5 = 15,625$
11.	$3,5 \cdot 3,5 \cdot 3,5 = 42,875$
12.	$0,5 \cdot 0,5 \cdot 0,5 = 0,125$
13.	$\frac{1}{2} \cdot \frac{1}{2} \cdot \frac{1}{2} = \frac{1}{8}$
14.	$\frac{1}{4} \cdot \frac{1}{4} \cdot \frac{1}{4} = \frac{1}{64}$
15.	$\frac{3}{4} \cdot \frac{3}{4} \cdot \frac{3}{4} = \frac{27}{64}$
16.	$\frac{4}{5} \cdot \frac{4}{5} \cdot \frac{4}{5} = \frac{64}{125}$
17.	$\frac{4}{3} \cdot \frac{4}{3} \cdot \frac{4}{3} = \frac{64}{27} = 2\frac{10}{27}$
18.	$\frac{5}{2} \cdot \frac{5}{2} \cdot \frac{5}{2} = \frac{125}{8} = 15\frac{5}{8}$
19.	$\frac{8}{3} \cdot \frac{8}{3} \cdot \frac{8}{3} = \frac{512}{27} = 18\frac{26}{27}$
20.	$\frac{18}{5} \cdot \frac{18}{5} \cdot \frac{18}{5} = \frac{5832}{125} = 46\frac{82}{125}$

Seite 10 — Kubikwurzeln

Aufg.	Lösungen
1.	1
2.	3
3.	6
4.	7
5.	9
6.	10
7.	$\frac{1}{2}$
8.	$\frac{2}{3}$
9.	$\frac{4}{5}$
10.	$\frac{5}{6}$
11.	$\frac{7}{8}$
12.	$\frac{9}{10}$
13.	0,1
14.	0,2
15.	0,4
16.	0,7
17.	0,9
18.	1,2
19.	2,5
20.	3,5

Seite 11 — Gleichungen mit einer Unbekannten (1. Teil)

Aufg.	Lösungen
1.	$x + 19 = 82 \quad \mid -19$ $x = 63$
2.	$x + 35 = 51 \quad \mid -35$ $x = 16$
3.	$x + 49 = 93 \quad \mid -49$ $x = 44$
4.	$97 + x = 158 \quad \mid -97$ $x = 61$
5.	$112 + x = 276 \quad \mid -112$ $x = 164$
6.	$x - 97 = 152 \quad \mid +97$ $x = 249$
7.	$x - 235 = 204 \quad \mid +235$ $x = 439$
8.	$x - 368 = 371 \quad \mid +368$ $x = 739$
9.	$393 = x - 448 \quad \mid +448$ $841 = x$ $x = 841$
10.	$458 = x - 449 \quad \mid +449$ $907 = x$ $x = 907$
11.	$213 = x + 86,7 \quad \mid -86,7$ $126,3 = x$ $x = 126,3$
12.	$413,8 + x = 635,4 \quad \mid -413,8$ $x = 221,6$
13.	$x - 152,5 = 176,2 \quad \mid +152,5$ $x = 328,7$
14.	$x + 213,2 = 581,1 \quad \mid -213,2$ $x = 367,9$
15.	$340,9 = x - 279,6 \quad \mid +279,6$ $620,5 = x$ $x = 620,5$
16.	$x + 146,52 = 793,82 \quad \mid -146,52$ $x = 647,3$
17.	$x - 285,36 = 472,09 \quad \mid +285,36$ $x = 757,45$
18.	$137,81 = x - 736,37 \quad \mid +736,37$ $874,18 = x$ $x = 874,18$
19.	$241,54 + x = 923,92 \quad \mid -241,54$ $x = 682,38$
20.	$599,55 = x - 387,83 \quad \mid +387,83$ $987,38 = x$ $x = 987,38$

Seite 12 — Gleichungen mit einer Unbekannten (2. Teil)

Aufg.	Lösungen
1.	$4x = 24 \quad \mid :4$ $x = 6$
2.	$7x = 56 \quad \mid :7$ $x = 8$
3.	$8x = 96 \quad \mid :8$ $x = 12$
4.	$180 = 12x \quad \mid :12$ $15 = x$ $x = 15$
5.	$323 = 17x \quad \mid :17$ $19 = x$ $x = 19$
6.	$x : 5 = 22 \quad \mid \cdot 5$ $x = 110$
7.	$x : 9 = 27 \quad \mid \cdot 9$ $x = 243$
8.	$x : 13 = 32 \quad \mid \cdot 13$ $x = 416$
9.	$36 = x : 18 \quad \mid \cdot 18$ $648 = x$ $x = 648$
10.	$47 = x : 21 \quad \mid \cdot 21$ $987 = x$ $x = 987$
11.	$32x = 1120 \quad \mid :32$ $x = 35$
12.	$1813 = 49x \quad \mid :49$ $37 = x$ $x = 37$
13.	$x : 35 = 62 \quad \mid \cdot 35$ $x = 2170$
14.	$63 = x : 42 \quad \mid \cdot 42$ $2646 = x$ $x = 2646$
15.	$57 = \frac{x}{68} \quad \mid \cdot 68$ $3876 = x$ $x = 3876$
16.	$8,5x = 637,5 \quad \mid :8,5$ $x = 75$
17.	$763,6 = 9,2x \quad \mid :9,2$ $83 = x$ $x = 83$
18.	$x : 8,3 = 97 \quad \mid \cdot 8,3$ $x = 805,1$
19.	$94 = x : 9,8 \quad \mid \cdot 9,8$ $921,2 = x$ $x = 921,2$
20.	$\frac{x}{12,9} = 76 \quad \mid \cdot 12,9$ $x = 980,4$

Lösungen

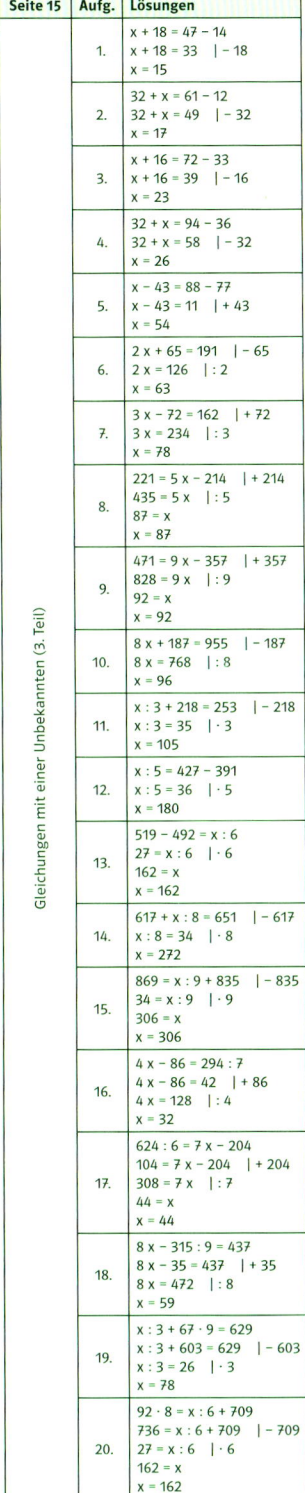

Gleichungen mit einer Unbekannten (3. Teil)

Seite 15 – Aufg.	Lösungen
1.	x + 18 = 47 − 14 x + 18 = 33 | − 18 x = 15
2.	32 + x = 61 − 12 32 + x = 49 | − 32 x = 17
3.	x + 16 = 72 − 33 x + 16 = 39 | − 16 x = 23
4.	32 + x = 94 − 36 32 + x = 58 | − 32 x = 26
5.	x − 43 = 88 − 77 x − 43 = 11 | + 43 x = 54
6.	2 x + 65 = 191 | − 65 2 x = 126 | : 2 x = 63
7.	3 x − 72 = 162 | + 72 3 x = 234 | : 3 x = 78
8.	221 = 5 x − 214 | + 214 435 = 5 x | : 5 87 = x x = 87
9.	471 = 9 x − 357 | + 357 828 = 9 x | : 9 92 = x x = 92
10.	8 x + 187 = 955 | − 187 8 x = 768 | : 8 x = 96
11.	x : 3 + 218 = 253 | − 218 x : 3 = 35 | · 3 x = 105
12.	x : 5 = 427 − 391 x : 5 = 36 | · 5 x = 180
13.	519 − 492 = x : 6 27 = x : 6 | · 6 162 = x x = 162
14.	617 + x : 8 = 651 | − 617 x : 8 = 34 | · 8 x = 272
15.	869 = x : 9 + 835 | − 835 34 = x : 9 | · 9 306 = x x = 306
16.	4 x − 86 = 294 : 7 4 x − 86 = 42 | + 86 4 x = 128 | : 4 x = 32
17.	624 : 6 = 7 x − 204 104 = 7 x − 204 | + 204 308 = 7 x | : 7 44 = x x = 44
18.	8 x − 315 : 9 = 437 8 x − 35 = 437 | + 35 8 x = 472 | : 8 x = 59
19.	x : 3 + 67 · 9 = 629 x : 3 + 603 = 629 | − 603 x : 3 = 26 | · 3 x = 78
20.	92 · 8 = x : 6 + 709 736 = x : 6 + 709 | − 709 27 = x : 6 | · 6 162 = x x = 162

Gleichungen mit einer Unbekannten (4. Teil)

Seite 17 – Aufg.	Lösungen	Probe
1.	x + 4 + 5 = 12 x + 9 = 12 | − 9 x = 3	3 + 4 + 5 = 12 12 = 12
2.	x + 12 = 23 − 6 | − 12 x = 17 − 12 x = 5	5 + 12 = 23 − 6 17 = 17
3.	x + x + 15 = 31 2 x + 15 = 31 | − 15 2 x = 16 | : 2 x = 8	8 + 8 + 15 = 31 16 + 15 = 31 31 = 31
4.	22 − x = x + 4 | + x 22 = 2 x + 4 | − 4 18 = 2 x | : 2 9 = x x = 9	22 − 9 = 9 + 4 13 = 13
5.	x + 23 = 45 − x | − 23 x = 22 − x | + x 2 x = 22 | : 2 x = 11	11 + 23 = 45 − 11 34 = 34
6.	2 x + 19 + x = 55 | − 19 3 x = 36 | : 3 x = 12	2 · 12 + 19 + 12 = 55 24 + 19 + 12 = 55 55 = 55
7.	3 x + 26 = x + 58 | − x 2 x + 26 = 58 | − 26 2 x = 32 | : 2 x = 16	3 · 16 + 26 = 16 + 58 48 + 26 = 74 74 = 74
8.	5 x − 38 = 2 x + 16 | − 2 x 3 x − 38 = 16 | + 38 3 x = 54 | : 3 x = 18	5 · 18 − 38 = 2 · 18 + 16 90 − 38 = 36 + 16 52 = 52
9.	4 x + 27 = 7 x − 36 | − 4 x 27 = 3 x − 36 | + 36 63 = 3 x | : 3 21 = x x = 21	4 · 21 + 27 = 7 · 21 − 36 84 + 27 = 147 − 36 111 = 111
10.	6 x − 46 = 9 x − 121 | − 6 x − 46 = 3 x − 121 | + 121 75 = 3 x | : 3 25 = x x = 25	6 · 25 − 46 = 9 · 25 − 121 150 − 46 = 225 − 121 101 = 104
11.	2 x + 9 + 4 x + 8 = 185 6 x + 17 = 185 | − 17 6 x = 168 | : 6 x = 28	2 · 28 + 9 + 4 · 28 + 8 = 185 56 + 9 + 112 + 8 = 185 65 + 120 = 185 185 = 185
12.	3 x + 18 = 5 x − 4 x + 84 3 x + 18 = x + 84 | − x 2 x + 18 = 84 | − 18 2 x = 66 | : 2 x = 33	3 · 33 + 18 = 5 · 33 − 4 · 33 + 84 99 + 18 = 165 − 132 + 84 117 = 33 + 84 117 = 117
13.	8 x + 24 = 3 x + 168 + x 8 x + 24 = 4 x + 168 | − 4 x 4 x + 24 = 168 | − 24 4 x = 144 | : 4 x = 36	8 · 36 + 24 = 3 · 36 + 168 + 36 288 + 24 = 108 + 168 + 36 312 = 276 + 36 312 = 312
14.	6 x + 343 − 4 x = 10 x + 31 2 x + 343 = 10 x + 31 | − 2 x 343 = 8 x + 31 | − 31 312 = 8 x | : 8 39 = x x = 39	6 · 39 + 343 − 4 · 39 = 10 · 39 + 31 234 + 343 − 156 = 390 + 31 577 − 156 = 421 421 = 421
15.	7 x − 196 − 2 x = 9 x − 360 5 x − 196 = 9 x − 360 | − 5 x − 196 = 4 x − 360 | + 360 164 = 4 x | : 4 41 = x x = 41	7 · 41 − 196 − 2 · 41 = 9 · 41 − 360 287 − 196 − 82 = 369 − 360 91 − 82 = 9 9 = 9
16.	2 x + 3 x + 4 x = 68 + 97 + 231 9 x = 396 | : 9 x = 44	2 · 44 + 3 · 44 + 4 · 44 = 68 + 97 + 231 88 + 132 + 176 = 396 396 = 396
17.	15 x − 4 x − 2 x = 726 − 229 − 83 9 x = 414 | : 9 x = 46	15 · 46 − 4 · 46 − 2 · 46 = 726 − 229 − 83 690 − 184 − 92 = 497 − 83 506 − 92 = 414 414 = 414
18.	7 x + 162 − 265 = 209 − 2 x + 3 x 7 x − 103 = 209 + x | − x 6 x − 103 = 209 | + 103 6 x = 312 | : 6 x = 52	7 · 52 + 162 − 265 = 209 − 2 · 52 + 3 · 52 364 + 162 − 265 = 209 − 104 + 156 526 − 265 = 105 + 156 261 = 261
19.	9 x − 406 + 5 x = 4 x + 387 − 213 14 x − 406 = 4 x + 174 | − 4 x 10 x − 406 = 174 | + 406 10 x = 580 | : 10 x = 58	9 · 58 − 460 + 5 · 58 = 4 · 58 + 387 − 213 522 − 406 + 290 = 232 + 387 − 213 116 + 290 = 619 − 213 406 = 406
20.	8 x + 453 − 5 x = 528 + 6 x − 256 3 x + 453 = 6 x + 270 | − 3 x 453 = 3 x + 270 | − 270 183 = 3 x | : 3 61 = x x = 61	8 · 61 + 453 − 5 · 61 = 528 + 6 · 61 − 258 488 + 453 − 305 = 528 + 366 − 258 941 − 305 = 894 − 258 636 = 636

Algebra (Textaufgaben)

Seite 21 – Aufg.	Lösungen
1.	x + 8 = 13 | − 8 x = 13 − 8 x = 5
2.	x + 12 = 27 | − 12 x = 27 − 12 x = 15
3.	x − 5 = 4 | + 5 x = 4 + 5 x = 9
4.	x + 17 = 31 − 7 x + 17 = 24 | − 17 x = 24 − 17 x = 7
5.	8 · x = 136 | : 8 x = 136 : 8 x = 17
6.	7 · x = 98 | : 7 x = 98 : 7 x = 14
7.	6 · x − 10 = 14 | + 10 6 x = 14 + 10 6 x = 24 | : 6 x = 4
8.	54 − 8 x = 30 | − 30 54 − 30 − 8 x = 0 24 − 8 x = 0 | + 8 x 24 = 8 x | : 8 3 = x x = 3
9.	x + 6 = 3 x | − x 6 = 3 x − x 6 = 2 x | : 2 3 = x x = 3
10.	5 · x + 4 = 34 | − 4 5 x = 34 − 4 5 x = 30 | : 5 x = 6
11.	3 · x + 4 · x = 77 7 x = 77 | : 7 x = 11
12.	6 · x − 12 = 4 · x + 12 | + 12 6 x = 4 x + 12 + 12 6 x = 4 x + 24 | − 4 x 2 x = 24 | : 2 x = 12
13.	$\frac{x}{9}$ = 13 | · 9 x = 13 · 9 x = 117
14.	x + 21 = 7 · x − 21 | + 21 x + 21 + 21 = 7 x x + 42 = 7 x | − x 42 = 7 x − x 42 = 6 x | : 6 7 = x x = 7
15.	$\frac{x}{8}$ = 3 + 2 $\frac{x}{8}$ = 5 | · 8 x = 5 · 8 x = 40
16.	$\frac{x}{2}$ = 4 · 2 $\frac{x}{2}$ = 8 | · 2 x = 16
17.	$\frac{x}{4}$ = x − 15 | · 4 x = 4 · (x − 15) x = 4 x − 60 | + 60 x + 60 = 4 x | − x 60 = 3 x | : 3 20 = x x = 20
18.	$\frac{x}{9}$ + 17 = 20 | − 17 $\frac{x}{9}$ = 20 − 17 $\frac{x}{9}$ = 3 | · 9 x = 3 · 9 x = 27
19.	$\frac{x}{2}$ + $\frac{x}{3}$ = 5 $\frac{3}{6}$ x + $\frac{2}{6}$ x = 5 $\frac{5}{6}$ x = 5 | · 6 5 x = 30 | : 5 x = 6
20.	x_1 + x_1 + 1 + x_1 + 2 = 12 3 x_1 + 3 = 42 | − 3 3 x_1 = 39 | : 3 x_1 = 13 x_2 = x_1 + 1 x_2 = 13 + 1 x_2 = 14 x_3 = x_1 x_3 = 13 + 2 x_3 = 15

Lösungen

Seite 25	Aufg.	Lösungen
	1.	500 Cent
	2.	7 200 Cent
	3.	12 000 Cent
	4.	843 600 Cent
	5.	5 230 900 Cent
	6.	600 Euro
	7.	445 Euro
	8.	56 Euro
	9.	31 Euro
Geld (Euro)	10.	3 Euro
	11.	2,30 Euro
	12.	8,05 Euro
	13.	36,41 Euro
	14.	41,02 Euro
	15.	787,09 Euro
	16.	9,61 Euro
	17.	12,04 Euro
	18.	253,60 Euro
	19.	0,76 Euro
	20.	0,08 Euro

Seite 26	Aufg.	Lösungen	
	1.	36 Monate	$3 \cdot 12 = 36$
	2.	180 Monate	$15 \cdot 12 = 180$
	3.	7 Jahre	$84 : 12 = 7$
	4.	12 Jahre	$144 : 12 = 12$
	5.	42 Tage	$6 \cdot 7 = 42$
	6.	17 Wochen	$119 : 7 = 17$
	7.	192 Stunden	$8 \cdot 24 = 192$
	8.	9 Tage	$216 : 24 = 9$
	9.	840 Minuten	$14 \cdot 60 = 840$
Zeitrechnung	10.	24 Stunden	$1440 : 60 = 24$
	11.	1800 Sekunden	$30 \cdot 60 = 1800$
	12.	45 Minuten	$2700 : 60 = 45$
	13.	32 400 Sekunden	$9 \cdot (60 \cdot 60) = 32400$
	14.	2 Stunden	$7200 : (60 \cdot 60) = 2$
	15.	23 400 Sekunden	$6,5 \cdot (60 \cdot 60) = 23400$
	16.	$2\frac{1}{2}$ Stunden	$9000 : (60 \cdot 60) = 2,5$
	17.	2 880 Minuten	$2 \cdot (24 \cdot 60) = 2880$
	18.	4 Tage	$5760 : (24 \cdot 60) = 5760 : 1440 = 4$
	19.	10 080 Minuten	$7 \cdot (24 \cdot 60) = 7 \cdot 1440 = 10080$
	20.	5 Wochen	$50400 : 7 \cdot (24 \cdot 60) = 50400 : (7 \cdot 1440) = 50400 : 10080 = 5$

Seite 27	Aufg.	Lösungen
	1.	4 000 kg
	2.	6 000 g
	3.	7 000 mg
	4.	15 000 kg
	5.	26 000 g
	6.	38 000 mg
	7.	2 g
	8.	64 kg
	9.	420 t
Gewichte (Massen)	10.	5 100 t
	11.	6 000 000 g
	12.	8 000 000 mg
	13.	7 kg
	14.	6 t
	15.	9 000 000 000 mg
	16.	1500 g
	17.	700 000 mg
	18.	0,000168 kg
	19.	0,0008671 t
	20.	0,0000009225 t

Seite 28	Aufg.	Lösungen
	1.	2 000 m
	2.	30 cm
	3.	0,5 cm
	4.	0,7 m
	5.	0,009 km
	6.	40 000 dm
	7.	800 cm
	8.	0,01 dm
	9.	0,04 m
Längenmaße (1. Teil)	10.	0,0005 km
	11.	250 000 cm
	12.	3 600 mm
	13.	0,058 m
	14.	0,000073 km
	15.	8 400 000 mm
	16.	0,000097 km
	17.	7 000 cm
	18.	90 mm
	19.	24 800 000 mm
	20.	0,000729 km

Seite 29	Aufg.	Lösungen								
		Kilometer (km)	=	Meter (m)	=	Dezimeter (dm)	=	Zentimeter (cm)	=	Millimeter (mm)
	1.	1 km	=	1000 m	=	10 000 dm	=	100 000 cm	=	1 000 000 mm
	2.	0,002 km	=	2 m	=	20 dm	=	200 cm	=	2 000 mm
	3.	0,0004 km	=	0,4 m	=	4 dm	=	40 cm	=	400 mm
	4.	0,00007 km	=	0,07 m	=	0,7 dm	=	7 cm	=	70 mm
	5.	0,000008 km	=	0,008 m	=	0,08 dm	=	0,8 cm	=	8 mm
	6.	0,00009 km	=	0,09 m	=	0,9 dm	=	9 cm	=	90 mm
	7.	0,00062 km	=	0,62 m	=	6,2 dm	=	62 cm	=	620 mm
	8.	0,0053 km	=	5,3 m	=	53 dm	=	530 cm	=	5 300 mm
	9.	0,085 km	=	85 m	=	850 dm	=	8 500 cm	=	85 000 mm
Längenmaße (2. Teil)	10.	99 km	=	99 000 m	=	990 000 dm	=	9 900 000 cm	=	99 000 000 mm
	11.	0,6 km	=	600 m	=	6 000 dm	=	60 000 cm	=	600 000 mm
	12.	0,0018 km	=	1,8 m	=	18 dm	=	180 cm	=	1800 mm
	13.	0,00026 km	=	0,26 m	=	2,6 dm	=	26 cm	=	260 mm
	14.	0,000038 km	=	0,038 m	=	0,38 dm	=	3,8 cm	=	38 mm
	15.	0,000072 km	=	0,072 m	=	0,72 dm	=	7,2 cm	=	72 mm
	16.	0,000401 km	=	0,401 m	=	4,01 dm	=	40,1 cm	=	401 mm
	17.	0,000525 km	=	0,525 m	=	5,25 dm	=	52,5 cm	=	525 mm
	18.	0,00663 km	=	6,63 m	=	66,3 dm	=	663 cm	=	6 630 mm
	19.	0,0844 km	=	84,4 m	=	844 dm	=	8 440 cm	=	84 400 mm
	20.	0,15 km	=	150 m	=	1500 dm	=	15 000 cm	=	150 000 mm

Seite 30	Lösungen						
	Quadratmeter (m²)	=	Quadratdezimeter (dm²)	=	Quadratzentimeter (cm²)	=	Quadratmillimeter (mm²)
	1 m²	=	100 dm²	=	10 000 cm²	=	1 000 000 mm²
	50 m²	=	5 000 dm²	=	500 000 cm²	=	50 000 000 mm²
	6 m²	=	600 dm²	=	60 000 cm²	=	6 000 000 mm²
Kl. Flächenmaße	0,9 m²	=	90 dm²	=	9 000 cm²	=	900 000 mm²
	0,002578 m²	=	0,2578 dm²	=	25,78 cm²	=	2 578 mm²
	0,00031 m²	=	0,031 dm²	=	3,1 cm²	=	310 mm²
	0,709 m²	=	70,9 dm²	=	7 090 cm²	=	709 000 mm²

Seite 31	Lösungen						
	Quadratkilometer (km²)	=	Hektar (ha)	=	Ar (a)	=	Quadratmeter (m²)
	20 km²	=	2 000 ha	=	200 000 a	=	20 000 000 m²
	0,3 km²	=	30 ha	=	3 000 a	=	300 000 m²
	0,04 km²	=	4 ha	=	400 a	=	40 000 m²
Gr. Flächenmaße	0,072 km²	=	7,2 ha	=	720 a	=	72 000 m²
	0,6053 km²	=	60,53 ha	=	6 053 a	=	605 300 m²
	0,0175 km²	=	1,75 ha	=	175 a	=	17 500 m²
	0,000091 km²	=	0,0091 ha	=	0,91 a	=	91 m²

Lösungen

Seite 32 — Lösungen — Raummaße

Kubikmeter (m³)	=	Kubikdezimeter (dm³)	=	Kubikzentimeter (cm³)	=	Kubikmillimeter (mm³)
4 m³	=	4 000 dm³	=	4 000 000 cm³	=	4 000 000 000 mm³
0,3 m³	=	300 dm³	=	300 000 cm³	=	300 000 000 mm³
0,00006 m³	=	0,06 dm³	=	60 cm³	=	60 000 mm³
0,0081 m³	=	8,1 dm³	=	8 100 cm³	=	8 100 000 mm³
0,000739 m³	=	0,739 dm³	=	739 cm³	=	739 000 mm³
0,0811 m³	=	81,1 dm³	=	81 100 cm³	=	81 100 000 mm³
0,000078 m³	=	0,078 dm³	=	78 cm³	=	78 000 mm³

Seite 33 — Lösungen — Hohlmaße

Hektoliter (hl)	=	Liter (l)	=	Milliliter (ml)
5 hl	=	500 l	=	500 000 ml
4 hl	=	400 l	=	400 000 ml
2 hl	=	200 l	=	200 000 ml
0,5 hl	=	50 l	=	50 000 ml
0,37 hl	=	37 l	=	37 000 ml
1,2 hl	=	120 l	=	120 000 ml
6,812 hl	=	681,2 l	=	681 200 ml
0,07856 hl	=	7,856 l	=	7 856 ml
0,0943 hl	=	9,43 l	=	9 430 ml
0,0058 hl	=	0,58 l	=	580 ml

Seite 34 — Maßeinheiten

Aufg.	Lösungen
1.	72 000 Cent
2.	0,09 Euro
3.	96 h
4.	420 min
5.	2 700 sec
6.	150 000 g
7.	2 000 000 mg
8.	4 t
9.	600 cm
10.	90 000 dm
11.	0,023 m
12.	0,04 dm²
13.	31 000 000 mm²
14.	0,0008 km²
15.	700 dm³
16.	0,0051 m³
17.	0,0703 dm³
18.	9 030 l
19.	931 610 000 ml
20.	0,8752 hl

Seite 35 — Test: Höhere Rechenarten, Algebra, Maßeinheiten · A

Aufg.	Lösungen
1.	3 · 3 · 3 · 3 = 81
2.	4 · 4 · 4 + 2 · 2 · 2 · 2 · 2 = 64 + 32 = 96
3.	13
4.	zwischen 18 und 19 (denn: 18 · 18 = 324 und 19 · 19 = 361)
5.	x + 319 = 542 | – 319 x = 223
6.	x – 267 = 478 | + 267 x = 745
7.	17 x = 391 | : 17 x = 23
8.	x : 26 = 22 | · 26 x = 572
9.	7 x + 67 = 151 | – 67 7 x = 84 | : 7 x = 12
10.	5 x + 58 = 11 x – 44 | – 5 x 58 = 6 x – 44 | + 44 102 = 6 x | : 6 17 = x x = 17
11.	4,80 Euro
12.	2 700 sec
13.	2 100 000 mg
14.	7 350 mm
15.	0,0063 km
16.	312 600 cm²
17.	0,008709 km²
18.	9 030 mm³
19.	0,01516 m³
20.	80 000 ml

Seite 36 — Test: Höhere Rechenarten, Algebra, Maßeinheiten · B

Aufg.	Lösungen
1.	5 · 5 · 5 = 125
2.	2 · 2 · 2 · 2 · 2 · 2 + 6 · 6 = 64 + 36 = 100
3.	14
4.	zwischen 15 und 16 (denn 15 · 15 = 225 und 16 · 16 = 256)
5.	x – 328 = 519 | + 328 x = 847
6.	x + 275 = 463 | – 275 x = 188
7.	x : 28 = 21 | · 28 x = 588
8.	18 x = 396 | : 18 x = 22
9.	9 x – 39 = 78 | + 39 9 x = 117 | : 9 x = 13
10.	12 x – 73 = 4 x + 55 | – 4 x 8 x – 73 = 55 | + 73 8 x = 128 | : 8 x = 16
11.	0,55 Euro
12.	5 400 sec
13.	12 300 000 g
14.	910 cm
15.	0,00254 km
16.	4 182 000 mm²
17.	0,0005046 km²
18.	6 170 000 cm³
19.	0,030907 dm³
20.	0,00792 hl

Lösungen

Seite 37	Aufg.	Lösungen
	1.	6 · 6 · 6 = 216
	2.	3 · 3 · 3 · 3 · 3 – 4 · 4 · 4 = 243 – 64 = 179
	3.	16
	4.	zwischen 19 und 20 (denn: 19 · 19 = 361 und 20 · 20 = 400)
	5.	x + 427 = 658 | – 427 x = 658 – 427 x = 231
	6.	x – 543 = 438 | + 543 x = 438 + 543 x = 981
	7.	16 x = 304 | : 16 x = 304 : 16 x = 19
	8.	x : 24 = 27 | · 24 x = 27 · 24 x = 648
	9.	8 x + 85 = 189 | – 85 8 x = 189 – 85 8 x = 104 | : 8 x = 13
	10.	11 x – 32 = 7 x + 52 | – 7 x 4 x – 32 = 52 | + 32 4 x = 52 + 32 4 x = 84 | : 4 x = 21
	11.	0,07 Euro
	12.	1800 sec
	13.	13 500 000 mg
	14.	560 mm
	15.	4,536 m
	16.	18 140 cm²
	17.	26,39 cm²
	18.	78 300 dm³
	19.	0,063792 m³
	20.	7 865 000 ml

Test: Höhere Rechenarten, Algebra, Maßeinheiten · C

Seite 38	Aufg.	Lösungen
	1.	7 · 7 · 7 = 343
	2.	4 · 4 · 4 · 4 – 3 · 3 · 3 · 3 = 256 – 81 = 175
	3.	17
	4.	zwischen 17 und 18 (denn 17 · 17 = 289 und 18 · 18 = 324)
	5.	x – 449 = 472 | + 449 x = 472 + 449 x = 921
	6.	x + 365 = 634 | – 365 x = 634 – 365 x = 269
	7.	19 x = 285 | : 19 x = 285 : 19 x = 15
	8.	x : 23 = 28 | · 23 x = 28 – 23 x = 644
	9.	6 x + 79 = 181 | – 79 6 x = 181 – 79 6 x = 102 | : 6 x = 17
	10.	13 x – 97 = 6 x + 57 | – 6 x 7 x – 97 = 57 | + 97 7 x = 57 + 97 7 x = 154 | : 7 x = 22
	11.	0,13 Euro
	12.	900 sec
	13.	5 100 kg
	14.	9 dm
	15.	0,538 km
	16.	6 590 mm²
	17.	0,07264 m²
	18.	807 100 cm³
	19.	0,005219 dm³
	20.	0,34 l

Test: Höhere Rechenarten, Algebra, Maßeinheiten · D

Seite 40	Was kannst du? (1)			
2 · 2 · 2 = 8	1,2 · 1,2 = 1,44	3 · 3 + 4 · 4 · 4 = 9 + 64 = 73	3 · 5 · 5 · 5 = 3 · 125 = 375	6
0,5	zwischen 7 und 8	x + 17 = 52 | – 17 x = 52 – 17 x = 35	x – 43 = 32 | + 43 x = 32 + 43 x = 75	8 · x = 96 | : 8 x = $\frac{96}{8}$ x = 12
x : 15 = 6 | + 15 x = 6 · 15 x = 90	x + 34 = 84 – x | + x 2 x + 34 = 84 | – 34 2 x = 50 | : 2 x = 25	1800 Cent	7 200 Sekunden	16 000 g
15 000 mm	50 000 cm²	300 ha	20 000 000 mm³	600 000 ml

Seite 41	Was kannst du? (2)			
6 · 6 · 6 = 216	$\frac{1}{3} \cdot \frac{1}{3} \cdot \frac{1}{3} = \frac{1}{27}$	2 · 2 · 2 · 2 · 2 – 6 · 6 = 64 – 36 = 28	75 : 5 · 5 = 75 : 25 = 3	7
1,2	zwischen 14 und 15	71 = 28 + x | – 28 71 – 28 = x 43 = x x = 43	65 = 93 – x | + x 65 + x = 93 | – 65 x = 93 – 65 x = 28	120 = 5 · x | : 5 24 = x x = 24
26 = 806 : x | · x 26 x = 806 | : 26 x = 31	3 x + 30 = 105 – 2 x | + 2 x 5 x + 30 = 105 | – 30 5 x = 75 | : 5 x = 15	25,03 Euro	1440 Minuten	5 000 000 g
0,0008 km	0,000051 m²	0,00068 km²	3 000 000 cm³	0,251 l